JN118343

1. はじめに

2. 原発と温暖化対策

3. 省エネルギー

4. 再生可能エネルギーを 上手につかった社会へ

5. 気候正義と原発

はじめに

地球温暖化問題とは

「温暖化問題」というと気温上昇だけが問題のようですが、温暖化が元になってさまざまな「気候変動」が生じ、いまや「気候危機」とよばれています。2020年の地球の気温は観測史上最高となりました。酷暑の夏が増え、「命を守るためにエアコンを使いましょう」と呼びかけられるようになりました。冬は暖かくなり、雪があまり降らなくなる地域がある一方、日本海側では、例年にない大雪で自動車が長時間立ち往生したことが報道されています。世界でも、北米を襲う巨大寒波が社会活動を麻痺させるニュースも耳にするようになりました。

地球温暖化は気象の振れ幅を拡大し、わたしたちがこれまで経験してきたことのない暑さや寒さをもたらしています。気象ニュースで「観測史上初めて」という言葉が珍しいものではなくなりました。

地球の気候が変動する原因は、火山活動や太陽活動の変化などさまざまなものがありますが、注目したいのは人間の活動により二酸化炭素（CO_2）や水蒸気やメタンなどの温室効

果ガスが、大気中に増えてしまったことです。

　地表面の温度は、太陽から受け取る太陽エネルギーと、地球が宇宙に逃がす熱とのバランスで決まります。温室効果ガスには地球が逃がそうとする熱を受け取って、大気を温める効果があります。地球を取り囲む大気の層に含まれる温室効果ガスが増えるほど、大気が暖かくなっていきます。これを「温室効果」といいます。

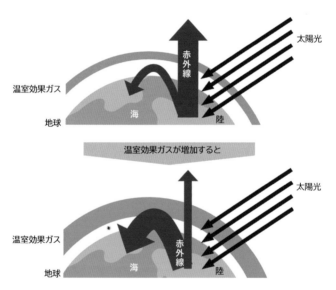

図1　温室効果のしくみ

地球に太陽光が降り注ぎ、地表が温められると、表面から宇宙に向かって赤外線が放出されます。赤外線の一部は宇宙に逃げ（放熱）、一部は大気を温め、そのバランスで地表面は生命に適切な範囲の温度に保たれています。大気中の温室効果ガスが増えると、大気に吸収される赤外線が増えて、大気の温度が上昇していきます。

大気中の CO_2 の量が200年ほど前から急激に増加し、地球全体の平均気温がどんどん温かくなっているのです。

　大気中の CO_2 が増えた理由には、産業革命以降の人間の活動が影響しているといわれています。産業革命とは、18世紀半ばから19世紀にかけて起こった社会構造の変化のことです。スコットランドのジェームス・ワットが発明した蒸気機関が後押ししました。蒸気機関とは、燃料を燃やして得られた蒸気のエネルギーを、機械を動かす動力に効率よく変える仕組みです。産業革命以降、蒸気機関で得られた動力で工場の機械を動かし、たくさんものが作られ、たくさん消費される社会になりました。

　蒸気をつくる燃料には、石炭や石油などの「化石燃料」が使われます。わたしたちに身近なガソリンも灯油も都市ガ

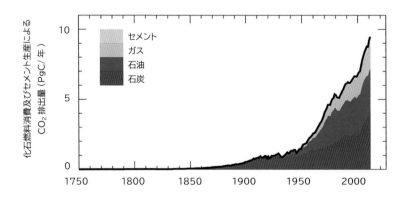

図2　化石燃料とセメントによる カテゴリー別 CO_2 排出量
単位（PgC/年）は1年あたりの炭素（C）の重量（g）。Pはペタで、兆。（IPCC第5次評価報告書による）

スも「化石燃料」です。燃料を燃やすと、含まれる炭素（C）と空気中の酸素（O_2）が結びつき CO_2 を発生します。大気の CO_2 が森林などに吸収されるのには時間がかかるため、化石燃料を燃やせば燃やすほど大気中の CO_2 が増えてしまうのです。動力を得るため以外にも、森林を農地にするために焼き払ったり、工場やビルなどの建設に欠かせないセメント（コンクリート、モルタル）の製造時にも、CO_2 が発生しています。

　温暖化による気候変動では、農地が砂漠となって作物が採れなくなり飢餓の危機にさらされたり、動植物や昆虫、微生物などの生態系が大きく変化したりすることが予想されます。南極や北極や高山の氷が解けていることも指摘されています。海水の体積が増えて海水面が上昇し、沿岸や低地が水没することも心配されます。さらに、水不足や台風の巨大化が起こるともいわれています。これらは既に起こり始めており、将来、特に貧しい地域の人々の生命に深刻な影響を与えるでしょう。

　温暖化と気候変動がある臨界点を超えると、その後、いくら対策をすすめようとも変化を止められなくなる可能性が、専門家によって指摘されています。わたしたちが今から対策をうって温暖化を止めなければ、数十年後の世代に、もう回復できないほどの劣悪な地球環境を残すことになってしまうというのです。温暖化問題は、地域や国境を越えた、世界共通の解決すべき課題だと捉えられています。

　　　　　　原発と気候危機

世界の長期目標「パリ協定」

　地球の温暖化を食い止めるため、温室効果ガスの排出を抑制しようと、国際社会は国連気候変動枠組条約締約国会議（COP）という枠組みで話し合いをしています。2015年12月にフランスのパリでおこなわれたCOP21では、

- 世界の平均気温上昇を産業革命以前に比べて2℃より十分低く保ち、1.5℃に抑える努力をする

- そのため、できるかぎり早く世界の温室効果ガス排出量をピークアウトし、21世紀後半には、温室効果ガス排出量と（森林などによる）吸収量のバランスをとる

という、世界共通の長期目標「パリ協定」が合意されました。

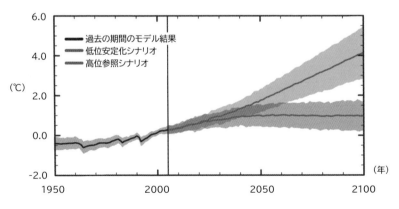

図3　地球の気温はこれからどうなるの？

1986～2005年の平均値を0.0℃とし、2005年以降は複数の気候予測に基づく予測データ。高位参照シナリオは、2100年における温室効果ガス排出量の最大排出量に相当。低位安定化シナリオは、将来の気温上昇を2℃以下に抑えるという目標のもとに開発された排出量の最も低いシナリオ。（IPCC第5次評価報告書をもとに作成）

この話し合いの場で、気候変動に関する政府間パネル（IPCC）に対して、産業革命以前から 1.5℃気温が上昇した場合の影響や、地球全体での温室効果ガス排出経路に関する特別報告書を作成するように要請されました。

　その結果、2018 年に発表されたのが「IPCC　1.5℃特別報告書」です。地球の気温が産業革命以前に比べて、2.0℃上昇した場合と 1.5℃上昇に抑えた場合との、人々・経済・環境に与える影響の違いは大きく、温暖化を抑制するための社会システムの変化を強く求めるものでした。これは世界中に大きなインパクトを与えました。

原発と気候危機

「排出権取引」 「ネット・ゼロ」とは？

　気候変動対策として、国ごとに CO_2 の削減目標が数値化されました。削減目標が達成できない国や企業が、目標よりもたくさん削減できた国や企業から、その権利を買い取ることが認められており、これを「排出権取引」といいます。自分の国や地域でコストをかけて CO_2 を減らすより、排出権を買うほうが安くなる場合があり、排出権取引によって世界全体の CO_2 削減が効率的にすすむといわれています。

　「ネット(実質・正味)・ゼロ」とは、CO_2 の排出と吸収量を足し合わせてプラスマイナスゼロとする考えです。排出量を下げられなくても、吸収量を増やせば計算上はゼロにできるので、エネルギー消費自体を減らそうという議論になりにくくなるという指摘もされています。

　CO_2 吸収方法には、森林を増やして炭素を固定させたり、大気中の CO_2 を地中深くに貯留・圧入する技術や、回収して利用する技術 (CCS、CCUS) が注目されています。森林を増やすのはよいことのように聞こえますが、企業が途上国の土地を買い取って植林する海外植林は、地域住民の権利軽視にもつながる懸念があります。CCS や CCUS もコスト面、技術面でハードルが高く、また CO_2 の貯留地となった地元へのリスク押し付けにもなりかねません。

　グローバル化した経済の中、製品の排出責任は製造国にあるのか、使用国にあるのかという視点も必要です。例えば、製造時の投入エネルギーが多い電気自動車を、海外でつくって輸入して国内で走らせた場合、走行中の CO_2 排出はゼロとなりますが、それでエコロジーな社会になったといえるのでしょうか？

日本はこれからどうするの？

　日本は、2019年6月に「パリ協定に基づく成長戦略としての長期戦略」を決定しました。そこでは、今世紀後半のできるだけ早期に「脱炭素社会」の実現を目指すとともに、CO_2 排出量を2050年までに80％の削減に取り組むとの目標が掲げられました。また、菅義偉首相は2020年10月の所信表明演説で「温室効果ガスの国内排出を2050年までに実質ゼロにする」と宣言しました。

　政府は、発電時に CO_2 を発生させない方法として、再生可能エネルギー（太陽光・風力・水力など）を大量に導入するといっていますが、並べて、原子力発電の利用も予定しています。日本原子力学会の提言でも、原発は非化石エネルギーなので、CO_2 の排出削減の重要な技術オプションであるとしています。ですが、温暖化対策のためとはいえ、原発を継続・活用するべきなのでしょうか？

　2011年の東京電力福島原発事故によって、原発が危険だということが広く知れわたり、その後、原発が次々と運転停止しました。原発事故以前、政府は「原発がないと電気が足りない」というキャンペーンを推進していました。しかし、事故後に原発ゼロの夏を経験し、それは間違いだということが証明されました。

　原発事故の教訓の一つは、甚大で深刻な結果が想定されることについては、起こるかどうかの科学的な不確実性が残っ

ていたとしても、予防原則に基づいて適切な対処をするべきだったということです。地球温暖化についても、この貴重な教訓を生かすべきだとわたしたちは考えています。

　いま政府や原子力産業界は、原発の復興のため「原発がないと地球温暖化問題を解決できない」という脅しをかけてきています。しかし、これは間違っています。

　この本では、原子力が地球温暖化問題の解決に役立たないだけでなく問題解決に有害だということを明らかにしていきます。

福島原発事故で地域になにが起きたか

2011年の東日本大震災で、東京電力福島第一原子力発電所が爆発事故を起こしました。原発から放射性物質が環境中に放出されたため避難指示がだされました。福島県内外への避難者数は最大で約16万人、現在も約3万7千人がふるさとを追われ、避難生活を送っています（2020年12月）。

大地震と津波に襲われた地域からの避難は大変な困難を伴いました。象徴的な事件として、原発近くの双葉病院の悲劇があります。高い放射線量や通信手段の断絶に阻まれ、避難者の受け入れ先も見つからず、高齢の患者たちが医療施設のない避難先へ到着した後、8人の死亡が確認されました。さらに月末までに50人もが命を落してしまったのです。津波の行方不明者の捜索が原発の爆発で中断され、救えるはずだったのに救えなかった命もありました。

避難区域外でも通常よりも相当高い放射線が検出され、不安を感じた人々は自主的に避難をしました。被ばくへの家族間の意見の相違や仕事の都合などから、多くの家庭がバラバラとなりました。福島から県外に避難した子どもがいじめられたという報告も多数あります。放射能汚染によって1次産業もダメージを受け、人々は生業や生きがいを奪われました。

原発事故の被害は経済性に換算され、不十分ながらも金銭での補償はされていますが、被害の核心は「ふるさとの喪失」です。事故によって日常の暮らしが奪われ、先が見えない状況に陥ったのです。他のなにものでも埋められるはずがありません。

原発と温暖化対策

　原発を進めたい人たちは「原発は CO_2 を出さない、環境に
やさしいクリーンな発電方法」だとして、地球温暖化対策の
ために活用しようとしています。

　主張の是非について考えるにあたって、まず、原発はどの
ような発電方法なのか、基本的な仕組みをみていきましょう。

原発のしくみ

　原発も火力発電と同じように、熱でお湯を沸かし、蒸気の
力でタービンを回して発電します。火力発電の燃料は石油や
ガスなどの化石燃料ですが、原発の燃料はウランで、輸入に
頼っています。燃料といっても化石燃料のように燃やすので
はなく、ウランを核分裂させて出てくる膨大な熱エネルギー
を発電に利用します。核分裂では CO_2 が発生しませんが、放
射性物質（死の灰）が生まれます。

　燃料となるウランはもともと放射性物質ですが、原発で使
われたあとの使用済み燃料のほうが桁違いに高い放射能をも
ちます。使用済み燃料は 10 万年ともいわれる超長期的に有
害な放射線を出し続けます。発電中も使用後も、放射能が漏

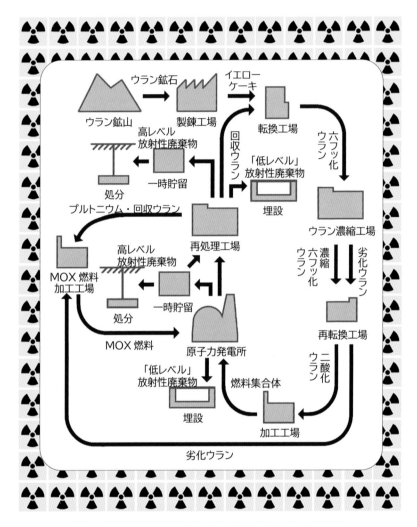

図4　原発の運転に伴うウランとプルトニウムの流れ

原発は燃料のウラン採掘段階から、燃料製造、発電段階、使用済み燃料の再処理、そして高レベル放射性廃棄物処分にいたるまで、すべての過程で様々なレベルの放射性廃棄物が発生する。運転段階では原子炉を冷却するために、外部からの投入エネルギーが必要であり「全くCO$_2$を発生しないクリーンな発電法」というのは間違い。なお、最も投入エネルギーの大きな工程はウラン濃縮である。

　　　　　　　原発と気候危機

れださないように厳重に閉じ込め、人から隔離し、冷やし続けなければいけません。これに失敗して爆発を起こしたのが、2011年の東京電力福島原発事故でした。地震や津波をきっかけに外部からの電気が来なくなった上に非常用自家発電機も止まったため、核分裂の停止後も発生しつづける熱を除去できなくなり、燃料が熔融してしまったのです。「発電時にCO_2を出さない原発」ですが、放射能を制御するためには外部から電気を持ってこないといけません。

　原発は、ウラン採掘の段階から発電所を廃止する段階まで、あらゆる過程で放射性廃棄物を生み出します。気の遠くなるほどの長い期間、人間社会から隔離しなければならない高レベル放射性廃棄物をどこに処分するのか、原発が動き出して60年近くが経ちますが、今でも日本のどこにも処分場はありません。

発電所で発生するCO_2量

　発電時のCO_2排出量という観点では、化石燃料を燃やして発電する火力発電が最もたくさんの排出をします。中でも、石炭火力は生み出す電力あたりの排出量が多く、もっとも地球温暖化を加速させる発電です。PM2.5等の大気汚染物質も排出するため問題視されています。

　そして、建物や機器設置、核燃料の製造や後始末などでCO_2を出しますが、たしかに原発は、火力発電に比べれば排

出量が少ない発電手段です。だからといって、温暖化防止に原発が不可欠であるということには直結しません。原発には特有の克服できない課題があるからです。

　第一に、他の発電とは比較できないほどの事故リスクの高さがあります。原発事故ほど、広い範囲に長期的な被害が及ぶものはありません。福島原発事故後に新規制基準が設けられましたが、これは決して原発の安全を担保するものではありません。第二に、原発で生み出される「高レベル放射性廃棄物」の処分地がない問題、第三に、潜在的リスクとして核物質の兵器転用や、核物質をテロに悪用される可能性もはらんでいます。

　このほかにも様々な問題があり、わたしたちは原発を廃止

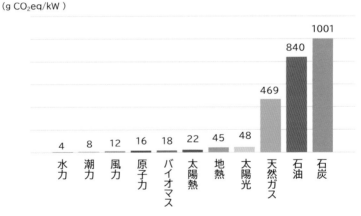

(g CO₂eq/kW)

4	8	12	16	18	22	45	48	469	840	1001
水力	潮力	風力	原子力	バイオマス	太陽熱	地熱	太陽光	天然ガス	石油	石炭

図5　発電電力量あたりの電源別ライフサイクル CO₂

石炭・石油・天然ガスといった化石燃料による発電法では、発電電力量あたりの CO₂ 排出量が多く、再生可能エネルギーや原発の CO₂ 排出量は比較的少ない。（IPCC 再生可能エネルギー源と気候変動緩和に関する特別報告書による）

すべきだと考えますが、発電時の CO_2 が少ないという理由で、原発を温暖化対策に利用しようとするとどんなことが発生するのか、これから考えてみます。

もし、温暖化対策として原発に期待するとどうなるのか

＜経済性が成り立たない＞

原発を進めたい人たちは「原発は安い」と盛んにいっています。本当にそうでしょうか？

2011 年の福島原発事故のあと、国は、発電方法別の電気

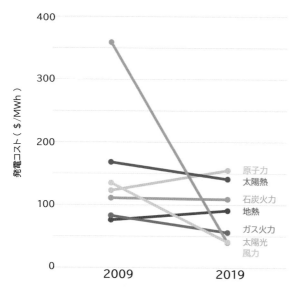

図6　2009年から2019年における発電コストの変化（新設の場合）
再生可能エネルギーのコスト低下は目覚ましく、太陽光発電で89%低下、風力発電で70%低下している。一方、原子力は26%コスト増加となった。(Lazard's Levelized Cost of Energy 2019 による)

のコストを計算しなおしました。この検討では原発で作った電気のコストは1キロワット時あたり8.9円以上で、もっとも安い発電方法だとされました。2015年に再検討された時点では10.1円以上となりました。「以上」というのは、福島第一原発の廃炉費用や賠償費用などが上振れすれば、それに応じて増加するという意味です。同じ試算方法をつかって2019年に再検討すると、原発のコストは11.1円以上へと、さらに値上がりしました。

　なお、原発の単価がそのまま電気の単価となるわけではありませんが、電気の単価が1円あがると、家庭の年間の電気代がおよそ3000円あがる計算になります（東京電力の平均的な契約条件で算出）。

　世界の発電コスト分析においても、2009年から2019年の10年間で、原発と地熱のみがコストが上昇しています。一方、太陽光発電や風力発電のコストは、技術開発や普及の効果で大きく低下しています。経済性の面で、原発が再生可能エネルギーに有利であった時代はすでに終わっているのです。

　米国の投資銀行の試算では、新しい再生可能エネルギー発電所を建てて発電したほうが、既にある火力発電を稼働させて電気を作るよりも経済的に有利になっていると分析されています。原発でも、2020年に日立製作所が、2018年には東芝が英国の原発プロジェクトから撤退するなど、新しい原発事業は企業の採算がとれないことが明らかになっています。

＜原発では間に合わない＞

　地球の気温を産業革命以前に比べて 1.5℃以内の上昇に抑えるためには、CO_2 排出量の強力な削減が必要です。

　具体的には 2040 〜 2050 年前後のより早い時期に、排出量を「正味ゼロ」にしなければなりません。2021 年の現在から考えると、残された時間はあと 20 〜 30 年しかないということになります。時間は限られ、自然は待ってはくれません。

　まず、発電所の数について検討します。日本には現在、廃炉になっていない原発が 33 基あります。そのうち、1990 年以前に運転開始されたものが 15 基、1991 年から 2000 年までに開始されたものが 14 基、2000 年以降に開始されたものが 4 基です。

　福島原発事故を受けて、日本では、原発の稼働年数 40 年を基本として、特別な許可のもとでのみ 60 年まで延長する

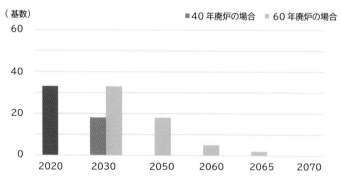

図7　日本の既存商用原発の残基数

40 年廃炉、および、60 年廃炉の場合の残基数を記載。建設中の島根原発 3 号機、大間原発、東電東通原発は除外した。（各年末時点）

ことができると法改正されました。政府は、原発事故で衰退した原発を復活させようとしていますが、実際には、国内で原発の新規建設も建て替え（リプレース）も進んでいません。40年廃炉の原則通りなら、2040年代末までにはすべての原発が廃止されます（建設中の3基を除く）。温暖化対策として原発を使おうと、いくつかが60年稼働となったとしても、電力供給を支える主力にはなりえません。

　世界に目を向けると、廃炉となっていない原発は441基あります。稼働年数は平均30.7年で、古い原発がたくさんあります。なお、これまでに廃炉になった189基の原発の、廃炉になるまでの期間は平均26.6年でした。単純に計算すれば、廃炉となっていない441基の原発は、平均あと4年で廃止されていくことになります。廃炉時代がやってきます。

　最近の原発の建設期間は、建設開始から発電開始までおよそ10年です。それ以前に立地選定、環境アセスメントや資金計画などがあるので、計画から考えると20年、場合によってはそれ以上の時間が必要です。仮に同じ場所に建てるにしても、原発を廃炉して更地にするのに20～30年はかかります。温暖化対策に残された、あと20～30年しかない猶予の間に、原発の大廃炉時代が到来し、さらに、新規建設には時間と巨額のコストがかかります。

　一方、再生可能エネルギーは、例えば大型の太陽光発電所で計画から1～2年程度、風力・バイオマス・小水力だと5

年前後で導入が可能です。導入コストはどんどん低下しています。温暖化対策に残された期間を考慮すれば、原発は選択肢になりえないのです。

原発は再生可能エネルギーの導入を邪魔する

　＜電力供給量と出力制御問題＞

　電気は、発電量と消費量が一定でないと周波数が乱れて、最悪の場合には停電が発生してしまいます。

　2018年の北海道胆振地方東部地震では、地震を受けて北海道全域が大停電しました。地震の影響で複数の発電所が短時間のうちに停止したり、送電線事故が起こり、供給が需要を満たせなくなったためです。

　電気の需要は時々刻々と変化していますが、気象予報のように、暑い日はエアコンの稼働のために電力需要が高まるだろうなどと大まかに予測できます。そして、変化する電力消費量を常時監視して、発電量を細かく調整（出力制御）しているのです。

　出力制御しやすいのは水力発電、次いで、天然ガス火力や石油火力などです。一方、原発は出力制御には使えない一定出力の電源です。電気が余るときには、原発以外の発電所が発電量を下げています。

　地球温暖化対策のために、再生可能エネルギーを増やしていこうというのが世界的な流れですが、日本では出力制御の

ために再エネの発電を抑制する事態が発生しています。それは、原発が4基再稼働した九州電力のエリアで増えています。出力が一定の原発が複数稼働しているので、供給力の調整範囲が狭まっているためです。2019年度には74回、再エネの出力制御が実施されました。電力需要が比較的少ない春や秋のよく晴れた昼間に実施されています。太陽光による発電量が増大して電気が余ると判断されたためです。

　再生可能エネルギー発電所の立場になって考えると、出力調整しない原発の稼働のせいでたびたび発電を止められては、十分な利益を上げることができなくなる恐れがあります。

　さらに日本には、稼働していない、いつ動くか分からない原発がたくさんあります。電力会社は原発の維持に年間1兆円もかけていますから将来は動かすつもりでしょう。でも社会情勢の影響もあり、いつ動くのか予測が困難な状況です。

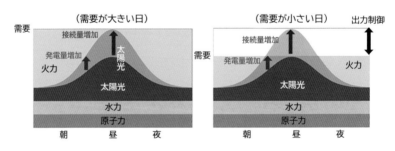

図8　電力の需給バランスと出力制御の関係

需要と供給を一致させるために、太陽光発電量が増加するなどして電力が余る時間帯には、出力調整可能な電源を抑制する。原発は一定出力の発電であり、運転基数が増えると電力供給の調整範囲が狭まって再エネの出力抑制が頻発する傾向になる。（資源エネルギー庁　エネルギー白書2020を改変）

　　　　　　　原発と気候危機

新たに再エネ発電所をつくろうと計画しても、いつ原発が再稼働し、優先的に電力供給されるか分からない状態では、投資の決断がつきません。原発のせいで、新しい電源への投資はとてもしにくくなっています。

＜予算配分の問題＞

2011年以降、原発が以前ほど稼働しなくなった現在でも、日本のエネルギー予算でもっとも多額が投入されているのは原子力分野です。もちろん原子力予算の詳細をみれば、廃炉や除染の技術など、これからの日本に欠かせない項目もあります。しかし、原発事故後、早い段階で原発の稼働をあきらめる決断をし、その予算を省エネや再エネ分野に分配していれば、日本の CO_2 排出量はどうなっていたでしょうか。

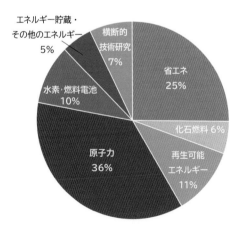

図9　日本のエネルギー関連予算（2019年概算）
日本のエネルギー関連研究開発予算は原子力分野にもっとも多く費やされている。総額は約3100億円。IEAに報告されたR&D関連予算のみを計上。

地球温暖化が
原発にもたらすリスク

column
3

　温暖化対策に原発を使おうとしても役に立たないことをみてきました。それどころか、気候変動によって異常気象が懸念される状況下で原発を使い続けると、原発の事故リスクもいっそう高まります。

　原発は、原子炉を常に冷やしながら運転する必要があります。発電していないときでも使用済み核燃料を冷却しつづけなければならず、そのための外部電源と冷却水は欠かせません。

　冷却水を確保するため、原発は海や河川のそばに建てられています。温暖化による猛暑や干ばつで、河川の水量が減ったり、水温が上昇したりすると、原子炉を十分に冷やすことができなくなります。河川の水で冷やしているヨーロッパなどの原発では、そのために運転を停止する事態がたびたび起きています。

　海岸線沿いにある日本の原発は、海面上昇によって想定津波高が上がり、建屋への浸水リスクが高まります。また、海面が1m上昇した場合に敷地の水没が予想される原発もあります。

　巨大化した台風やハリケーンによっても、原発の運転が危険な状況にさらされることが起きています。巨大化した竜巻で、想定外の破壊力をもつ飛来物にも襲われる可能性があります。

　廃炉を含めると、原発のライフサイクルは100年にも及びます。気候変動によるリスクの巨大化に耐えられるか。十分、検証する必要があります。

省エネルギー

省エネこそ気候危機を救う

　CO_2 の排出を減らす上で一番効果のあることは、省エネルギーだといわれています。省エネルギーとは、なるべく少ないエネルギー消費で豊かな暮らしを実現することです。

　省エネが温暖化対策にどれくらい役に立つかを分析した研究では、2030 年時点で原発を 15％維持した場合を想定しても、CO_2 削減にもっとも効果があるのは省エネルギーという結果が出ています（図 11）。原発が温暖化対策に寄与する割合は限定的で、2050 年時点での寄与率は５％と見積もられました。再生可能エネルギーの普及よりも、もちろん原発推進よりも、省エネをいかに加速させるかが温暖化対策に重要だということです。

　ところで、日本で省エネルギーといえば、暮らしの中で便利さを我慢することという印象が根強く残っています。夏にエアコンの設定温度を高めにすることや、こまめにテレビや照明のスイッチを切ること、お風呂の残り湯を洗濯などに再利用することが思い浮かぶでしょうか。こういった行動は、確かにエネルギー消費量の節約になり大切なことです。しか

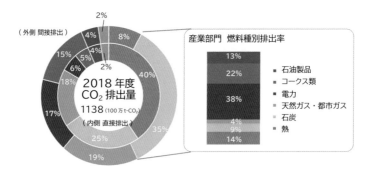

図10 日本の分野別 二酸化炭素排出量（2018年度）

エネルギー転換部門は電気熱配分統計誤差を除いた値。国立環境研究所のデータをもとに作成。

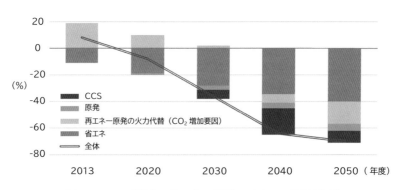

図11 CO₂削減の省エネ、原発、CCS の要因分析

2013年度比での CO₂ 削減をさまざまな前提をおいて試算したもの。削減にもっとも寄与するのは省エネである。原発を発電量の15%で維持した場合でも CO₂ 削減効果は限定的で、2050年度で5ポイントの削減となる。CCS は「Carbon dioxide Capture and Storage」の略で、CO₂ 回収・貯留技術のこと。（日本経済研究センター「第4次産業革命中の日本 温暖化ガス、8割削減への道「環境税導入で CO₂，2050年に7割削減は可能」2017年10月13日より）

原発と気候危機

し、慣れていない人にとっては「我慢の省エネ」となり、続けにくいものです。

　一方、世界的に省エネといえば「エネルギー利用の効率化」が主役です。機械を動かすときなどのエネルギーロスをへらして、投入したエネルギーを効率よく使うことです。この方法は、暮らしの質を変えずに消費エネルギーを減少させることができます。自動車の燃費向上や、家電の省エネ機器への更新などがそれにあたります。

省エネのポテンシャルは？

　電気を作ったり機械を動かしたりする際に、熱などの形で失われてしまうエネルギーの損失は大きく、日本全体でみると、暮らしで有効に使われるエネルギーは投入したエネルギーのたった１／３しかありません。ここに省エネのポテンシャルがあると研究者は指摘しています。

　図12は、日本で使用されるエネルギーが何からつくられ、どんな分野にどれくらい使用されているか、また、その時のエネルギー損失を表しています。日本のエネルギーはほとんど輸入に頼っていますが、「発電」をみると輸入したエネルギーの約半分が発電に使われ、そのうち６割もが損失しているとわかります。「民生用」は家庭で使われているエネルギーの効率を表していますが、ここでも投入エネルギーのおよそ４割は有効利用されていません 。

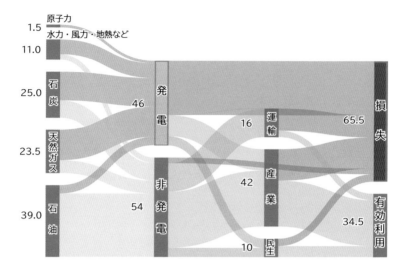

原子力
1.5
水力・風力・地熱など
11.0
石炭 25.0
天然ガス 23.5
石油 39.0
発電 46
非発電 54
運輸 16
産業 42
民生 10
損失 65.5
有効利用 34.5

図12　日本のエネルギー供給・消費のフローチャート（2017年度）
数字は、1次エネルギー供給量20,000兆キロジュールに占める割合。エネルギー効率改善の省エネは、損失割合を減らしエネルギー消費の無駄を抑える。

　このようなエネルギー損失割合を減らしていく技術や工夫が「エネルギー利用の効率化」です。発電分野ではエネルギー効率を改善するために、従来の火力発電所ならば捨ててしまう余熱を再利用して2段階目の発電に利用する、コンバインドサイクル発電が導入されつつあります。家庭分野では、家電を買い替える際には省エネ性能の高いものを選ぶとエネルギーを無駄にしなくなります。

　産業用では、設備更新の際に省エネ機器に変えたり、古い工場の断熱材の劣化を補修したり、一定の温度管理が必要な工場で環境負荷の低い温度設定に見直すことで大幅な省エネ

が達成された報告があります。

　省エネ対策の効果を試算した2015年の研究では、既存の省エネ技術が適切に導入されれば、エネルギー起源CO_2の排出量が、2030年で50％以上削減、2050年で80％以上削減が可能とされています（1990年比）。

　省エネは、エネルギー消費が減りCO_2が抑制できるだけでなく、経済的にもうれしい効果があります。民生用でも産業用でも省エネ機器への買い替えは、その後の光熱費が下がるために短い期間で投資回収可能といわれています。

　続きにくい我慢の省エネよりも、一度おこなえば省エネ効果が継続する設備更新の省エネを、チャンスを逃さずに確実に実行することが温暖化対策のカギとなります。

わたしたちにできる省エネアクション

　地球温暖化防止のために、わたしたちができる行動には具体的に何があるのでしょうか。

　家庭でのエネルギーの使われ方は、住環境や地域によって異なりますが、大半は暖房と給湯に使われています。集合住宅は戸建住宅よりも消費エネルギーがすくないのが普通ですが、その理由は暖房費が抑えられることが大きな要因とされます。断熱性の違いと、住宅面積がより小さいためです。また、暖房に使われるエネルギー量は地域によってかなり大きな差があり、北海道の住宅で使われる暖房エネルギーは関東

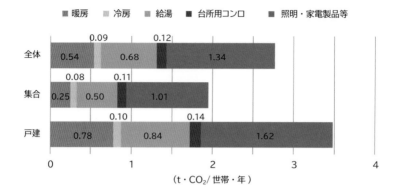

凡例: ■ 暖房　■ 冷房　■ 給湯　■ 台所用コンロ　■ 照明・家電製品等

図13　家庭のエネルギー消費の内訳（2018年度 住宅別）

家庭のエネルギー消費では暖房と給湯による熱利用が多く、冷房の割合は少ない。戸建住宅が集合住宅よりエネルギー消費量が多いのは、住宅面積と断熱性によるものとみられる。（環境省「家庭部門の CO_2 排出実態統計調査調査の結果（速報値）の概要」より）

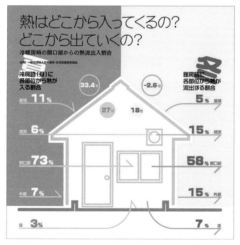

図14　住宅における冷暖房時の熱移動

住宅の冷暖房エネルギーの損失は窓に起因する割合が大きい。日本の古い住宅は断熱性能の改善の余地が大いにあると分析されている。（一般社団法人日本建材・住宅設備産業協会より、JCCCAのウェブサイトから引用）

原発と気候危機

の３倍近くかかっています。

　家庭での消費エネルギーを抑えるには、暖房と給湯に着目すると効果を得やすいようです。世界的にみて日本の住宅は断熱性能で劣っているといわれていますから、建物から熱を逃がさない工夫が必要です。熱の主な逃げ道は窓です。２重ガラスや樹脂サッシへの交換などの窓のリフォームをすることで、エネルギーの無駄が減少します。簡単には、床まで届く厚手のカーテンを付けるなどの工夫が暖房費の削減に役に立ちます。

　もし、白熱電球を使っているなら、LED電球に取りかえると消費電力がおよそ１／６になります。石油やガスなどの化石燃料を燃やして給湯や暖房をしている場合は、ヒートポンプ等を利用した高効率な設備に置き換えると省エネにつながります。

　家電を買い替える際には、最新の省エネ性能を持つものを選ぶことが大切です。家電のエネルギー効率は年々高まって

図15　統一省エネラベル（2020年～）

います。小売店では「統一省エネラベル」の表示がされていますので、それを参考に商品を選べるようになっています。

　一方、省エネ技術が進んでも、大型製品が好まれるように社会が変化した結果、全体としてエネルギー消費が抑えられないという問題もあります。家庭のテレビはどんどん大型化していますし、最近の人気車種は大きな車体のものだそうです。重量が重い分、燃費が低下します。

　省エネラベルで考慮されるのは、製品使用時のエネルギー消費量です。しかし、実際には製造過程で投入されるエネルギーや耐用年数なども、製品寿命全体における CO_2 排出量に影響を与えます。

　温暖化防止のために、いまあるものを大切に使ったほうが良いのか、最新の省エネ機器に買い替えたほうが良いのか、状況によって正解は異なります。こういった判断をするための情報は、消費者にとってまだまだ得にくいのが現状です。

これも省エネ？　自然エネルギーをそのまま利用

　自然エネルギーの活用といえば、再生可能エネルギーで発電することに着目されています。しかし、自然にある光や熱、風などをそのまま利用する方法も忘れてはいけません。

　夏は風の通り道をうまく作って街や部屋にこもる熱を逃がしたり、太陽熱でお湯を作って利用したりすることです。すぐできる身近な行動としては、冬の昼間には部屋のカーテン

人工照明

日射制御
フィルム

中庇
(ライトシェルフ)

図16　自然採光手法の例（ライトシェルフ）

建物の窓面の中段に「ライトシェルフ」と呼ばれる庇を設置し、上面で太陽光を反射させ、より多くの光を室内の天井部に取り入れて室内を明るくする手法。電気の照明の使用を減らすことができる。（環境省 HP,「ZEB PORTAL（ゼブ・ポータル）」より）

を開けて少しでも太陽熱を屋内に取り入れると、夜帰宅したときの寒さを和らげる効果が得られます。

　自然光の室内への取り込みのため、住宅壁面に当たった太陽光を可動式の庇で室内の天井に反射させるといった、新しい発想の商品も生み出されています。

　このような自然を直接利用する技術の導入も、社会全体のエネルギー消費を減らす対策として期待されます。

再生可能エネルギーを 上手に使った社会へ

広がる再エネ　下がるコスト

　世界では気候変動問題に取り組まれるようになった 1990 年代後半から、日本ではおくれて 2011 年の東日本大震災を経験して以降、再生可能エネルギー発電（再エネ）が急速に伸びています。2018 年のデータでは、世界のエネルギー源の 26％が再エネで賄われています。現在、世界の再エネ発電設備容量は原発の 5 倍以上にもなっています。

　再エネは原発と同じように CO_2 排出の少ない発電方法ですが、導入期間も投入コストも、原発導入よりはるかに小さいことが、世界の加速的な発展の背景にあります。

　再エネは自然を利用した発電方法ですから、ほとんどが外部から燃料を持ち込む必要がありません。エネルギー自給率を高め、地域産業を育成して雇用を創出するなどのメリットが期待されています。なお、政府は原発を「準国産エネルギー」とうたっていますが、燃料のウランは輸入に頼っていますし、使用済み燃料を再処理して再利用する「核燃料サイクル」も国内で実現せず、とても「国産」とはいえません。

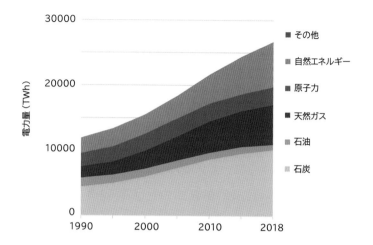

図17 世界の発電電力量の推移（1990 ～ 2018 年）

自然エネルギーには、バイオエネルギー、廃棄物利用、水力、地熱、太陽光、太陽熱、風力、潮力を含む。（IEA, Electricity generation by source, World 1990-2018 より）

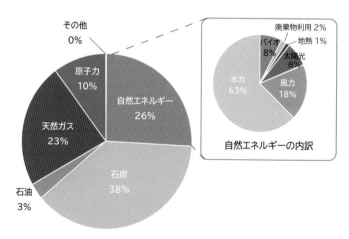

図18 世界の発電電力量の内訳（2018 年）

（IEA, Electricity generation by source, World 1990-2018 より）

4. 再生可能エネルギーを上手に使った社会へ

現在、日本で実用化されている再エネには、太陽光、風力、小水力、バイオマス、地熱があります。太陽光と風力がずば抜けて多く、地熱、小水力、バイオマスの順です。地球にふりそそぐ太陽エネルギーのうち、人間が活用しているのはわずか0.01％といわれています。

　日本では再エネは高いという印象が浸透しています。一方、太陽光と風力を中心に、世界の再エネのコストは年々低下しています。世界の太陽光発電コストは2010年から2015年で1／3になり、さらに2019年には2015年の半分にまで低下しました。世界に後れを取っていますが、発電設備の技術革新と普及によるコストダウンによって日本でも再エネコストは今後も下がると考えられます。

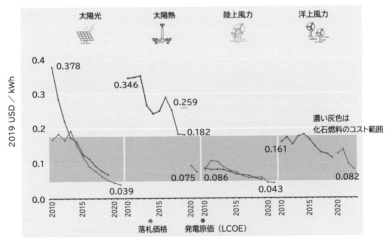

図19　世界の太陽光と風力発電のコスト変化

発電コストの世界加重平均。太陽熱の点線はイスラエルのプロジェクトを含む。
(IRENA RENEWABLE POWER GENERATION COSTS IN 2019 より)

気象に左右される再エネ出力を補うには

　自然を資源とした再エネ発電は、気象条件が出力に大きな影響を与えます。しかし、再エネの出力はまったく予測不可能のアトランダムなものではありません。気象の予測が高精度化している現在では、太陽光や風力の出力変動も、そのときの電力需要もある程度は予測ができます。なお、地熱発電やバイオマス発電は気象に左右されにくい安定出力の再エネですが、導入量はまだ多くはありません。

　再エネの不安定を補うためには蓄電池が必須だと、しばしば思われています。そして蓄電池の高いコストが再エネのコストを押し上げることが懸念されています。

　電力需要と再エネによる発電量の変動の間を埋めるのは、

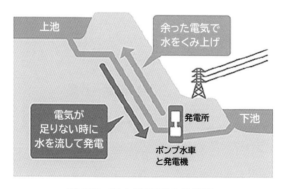

図20　揚水発電所の仕組み

電気が余るときに、下のダムから上のダムへ水をくみ上げておき、電気が足りない時に放水して発電する。
（四国電力HPより）

必ずしも蓄電池である必要はありません。国際エネルギー機関（IEA）の電力の柔軟性に関する報告書によれば、気象によって変動する再エネの導入率が低い段階（〜30％程度）では電力送配電システムの工夫によって対応でき、それ以上の導入率になってから蓄電池などの利用をすればよいと分析されています。

　再エネの電気が余るときには、日本では運転制御のしやすい火力発電を抑えたり、揚水発電を利用したりしています。揚水発電は、余った電力で水を引き上げ、電力利用時に放水して発電するダム発電所です。揚水発電は環境破壊もあるの

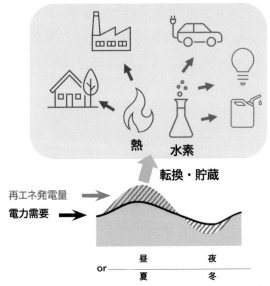

図21　再生可能エネルギー余剰電力の転換・貯蔵
再生可能エネルギーによる電力の余剰は、熱や水素に転換して貯蔵・利用すると、得られたエネルギーを無駄なく使えるようになる。

で、これ以上は建設できませんが、既存の発電所は活用できます。地域間の送電（連系線）をうまく利用すれば、需要のある他のエリアに電力を供給することもできます。

　世界に目を向けると、再エネの余剰電力で水を電気分解して水素を生成して貯蔵し、のちに燃料電池で利用したり、余剰電力でお湯をわかして、熱として地域で暖房や給湯に利用したりする方法が、ヨーロッパを中心に採用されています。余剰電力の熱利用は、特に冬季の需要が高く、地域のエネルギー自給率向上に役立ちます。

　再エネの出力変動はさまざまな形で対処することができます。社会全体が温暖化対策に本腰をいれ、再エネを利用しきるインフラや技術の導入に取り組めば問題は解決可能です。

小規模分散型のエネルギー

　再エネは「小規模分散型エネルギーシステム」といわれます。これに対して原発は「大規模集中型エネルギーシステム」といわれます。発電所規模の大小および、発電所が一部地域に集中立地しているか、広い地域にばらばらに存在しているか、ということの対比を意識した言葉です。

　エネルギーの供給安定性については、大規模集中型エネルギーシステムは、何らかのトラブルで発電所が運転停止した際に電力供給のバックアップがむずかしく、停電が発生しやすくなって、影響が広範囲に及ぶ欠点があります。

小規模分散型エネルギーシステムの中でも、小規模発電所や家庭や企業が所有する発電設備や電力貯蔵システム（蓄電池や電気自動車、燃料電池など）がネットワークでつながった自立型電力システムを、スマートグリッドといいます。これは、地域内で電力を供給できるため、災害時に大きな発電所が運転停止した際にも停電を回避できます。さらに、地域ごとのスマートグリッドをつなぎ、電力を融通しあえるシス

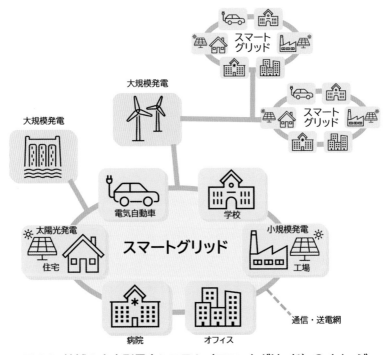

図22　地域の自立型電力システム（スマートグリッド）のイメージ
地域内に小規模な発電所をもち電力を地域で利用できるため、災害時に大規模発電所からの電力を失った場合でも停電を回避できる。

テムがあれば、さらに強靭な電力システムとなります。

　さらに、小規模分散型エネルギーシステムの良いところは、地域のエネルギー自給率が高まったり、発電の廃熱を地域で利用できたり、エネルギーに支払うお金が地域外に流出しにくいという点もあります。自分たちの発電所があれば、エネルギー問題に関心が高まり、ひいては、地球環境問題の解決を後押しするかもしれません。

　世界には、電気のない生活をしている人が10億人以上います。電力網の整備には巨額の資金と時間が必要ですが、独立型の太陽光パネルや水車などを利用した小規模な自立型電力システムは、短期間で地域住民の電気利用を可能にします。

　こうした地域に太陽光パネルを導入するバングラデシュの事例では、家庭で導入した理由の1位に子どもの勉強時間を延ばせるためという回答がありました。電気がない家庭では灯油ランプで灯りをとっており、1時間もすれば悪臭と煤で体調が悪くなっていたそうです。小規模分散型エネルギーは、貧しい地域の子どもが学びをあきらめない環境をつくり、彼らが未来を拓く可能性を高めています。

再エネ普及のために解決すべきこと

　再エネの普及は、ポジティブな結果のみをもたらすわけではありません。電気を作り、送り、貯める設備に欠かせないレアメタル等の資源には限りがあります。そして、太陽光パ

ネルや蓄電池には寿命がありますから、いずれ廃棄されます。廃棄の際には、素材の資源を無駄にしないためのリサイクルとそのルール作りが必要です。

　また、勝手気ままに大規模な再エネ発電所を増やすと、地域環境に悪影響をもたらします。メガソーラー設置にともなう森林伐採や野生生物への悪影響なども指摘されています。風力発電では、低周波音による健康影響や、鳥がぶつかる被害（バードストライク）などの問題があり改善が必要です。再エネではありませんが、家庭用コージェネレーションシステム（エネファーム、エコキュート等）でも低周波運転音による健康被害が報告されています。

　再エネの利用なしには、未来の人類が生き残ることができないといっても過言ではないでしょう。悪影響を排除しつつ、再エネを最大限活用できるルール作りが求められています。

原発は被ばく労働なしには 成り立たない

column
4

　火力発電でも、建設現場でも、化学工場でも、医療現場でも、労働者の健康を損なうさまざまなリスクがあり、それを極力少なくする努力が求められます。原発の労働者には被ばくによる発がんなどのリスクがあり、防護服や全面マスクを着用します。放射性物質の付着や吸引を防ぐことはできても、外部被ばくを防ぐことはできません。

　原発は運転時よりも定期検査時のほうが、労働者に多くの被ばくをもたらします。放射性物質で高度に汚染されたエリアの点検修理は、多数の労働者が入れ替わりながら作業をすすめます。高線量エリアにいると、すぐに被ばく管理量の上限に達してしまうためです。

　そんなところは、技術の力でもってロボットを活用すればよいとの意見もあるでしょう。福島原発事故の廃炉作業では、高線量エリアでの作業のために遠隔ロボットが開発されましたがうまくいきませんでした。技術開発に時間とお金を費やせば、原発のメンテナンスを担う遠隔ロボットの開発はできるかもしれません。しかしそれではコストがかかりすぎて商業用として成り立たないでしょう。発電所だけでなく、ウラン採掘から放射性廃棄物の処分の過程にいたるまで、生身の人間の被ばくを前提としなければ、原発の運転は成り立たないのです。

　そして、労働者の被ばくは下請け作業員に集中しています。被ばくの影響は、あとになってガンなどのかたちで確率的にあらわれますが、多くの作業員は使い捨てで、のちに病気が発生した場合でも、被ばくの証明が困難で労災認定を受けにくいという問題もあります。

気候正義と原発 ☀ ☂ ⛄

気候正義とは

　気候問題に関心のある人々の間で、近年、気候正義（クライメートジャスティス）という言葉がよく使われています。「気候のための学校ストライキ」で世界的に注目されている、スウェーデンの環境活動家グレタ・トゥーンベリさんも使っていますし、日本のメディアでもよく使われるようになりました。

　気候正義とはどのような概念なのでしょうか？「正義」という言葉は日本人には馴染まないかもしれません。ある問題に対して人々が正しいと考えることは、一つの社会で常に一致するとは限りません。正しさの中身は主張する人や集団によって異なることが普通だからです。

　気候正義は、環境問題の背景にある社会構造の不公平さの解消を求める人々によって使われています。具体的には以下のような問題が指摘されています。

- エネルギーを大量に消費しながら快適な生活を過ごしてきた世代が地球に温暖化をもたらしたのに、被害を受けるのは、若者や未来の子どもたちだという世代間の不公平さ。

- エネルギーを利用している人々は都市部で安全な生活を送っているのに対して、貧しい地域や化石燃料採掘や発電の現場で働く人が健康被害をうけるという恩恵と損害の分配の不公平さ。

- エネルギーを消費しながら発展してきた先進国が豊かな暮らしを維持しながら、途上国に CO_2 の排出量削減を要求する一方、途上国は貧困問題解決や発展のためにエネルギーをつかう権利があると主張する、経済発展の不公平さ。

　このように地球温暖化問題の背景には、地球規模で世代を超えた不公平な構造があり、その本質に目を向けて改善していこうという主張です。

　グラフが示すように、世界の裕福層のわずか１割の人が温室効果ガスの約半量を排出し、貧しい５割の人は６％の排出

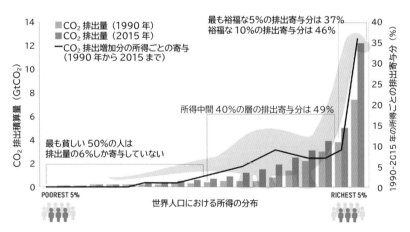

図23　世界の CO_2 排出量と貧富による寄与の違い
（Oxfam international, Confronting Carbon Inequality, Sept 2020 より）

責任しかありません。しかし、温暖化による気候変動の被害をうけるのは貧しい人々なのです。

　地球温暖化は人類の生存にかかわる深刻な問題ですが、解決のための手段は何でも良いのではなく、適切なものでなければなりません。問題の本質は、単に CO_2 量だけでなく、不公平な社会を是正し、公平で持続可能な社会をつくることなのですから。

原発の不公平さ

　原発にも気候正義問題と同じような公平性さがつきまといます。

- 放射性毒性が超長期にわたる放射性廃棄物は、何万年も人類から隔離しなければならない。その被ばくリスクは、原発が使われた時代に生まれていなかった未来世代にもたらされる。

- ウラン採掘から発電段階、廃炉の過程に至るまで、労働者は被ばくの健康リスクに直面する。

- 原発は過疎地域に立地されるため、事故の直接の被害は原発の電気を使う都市部までには及ばず、立地地域にもたらされる。事故によって大気や海洋に放射性物質が拡散すれば地球全体にひろがり、原発の電気を使っていない他国の住民の健康リスクすら高める。

- 通常運転でも、原発や核関連施設からは管理値以下の濃度

の放射性物質が放出される。ドイツ政府がおこなった KiKK 研究は、原発近傍で小児白血病の発症率が有意に高いという疫学分析の結果を示している。

- 原発の建設には莫大な費用がかかり一部の特権的な企業しか扱えない技術だが、国の予算から資金が投入され、得られた利益は原子力産業界のものとなる。
- 原発の燃料であるウランや使用済みの燃料に含まれるプルトニウムは核兵器に転用される恐れがある。核兵器は、国や地域を超えて世界の平和を脅かす究極の脅威である。

原発は公平とは程遠いシステムです。発電時に CO_2 を出さないからという理由で原発を利用することは、不公平な社会システムが表層の姿をかえるだけなのです。

おわりに

　地球温暖化は人類の生存に関わる差し迫った問題です。しかし、CO_2 排出量削減のために選んだ手段が、他の犠牲を強いるのであれば、持続可能で公平な社会にはなりえません。

　昨年、欧州連合は投融資に適格な「グリーンな産業・業種」の分類に関する専門家会議の報告書を発表しました。この中で、グリーンな産業は、6つの環境保護目標（気候変動緩和、気候変動適応、水資源・海洋資源の持続可能性、循環型経済への転換、環境汚染の防止、生物多様性と生態系の保護）の内の、1つ以上を満たしている必要があり、さらにほかの環境保護目標に著しい害を与えないことが求められています。この分類では、原発は CO_2 排出量が少ないことは事実だが、高レベル放射性廃棄物の最終処分をめぐる問題が解決していないことを示してグリーンな産業とは認められていません。

　東京電力福島第一原発事故を経験したわたしたちは、すでに原発が他人の犠牲の上に成り立つ不公平なシステムであることを目の当たりにしました。それは、福島の被災地には人が住めない土地が残り、避難者は不自由な生活を強いられ、支援からもが切り捨てられていく現実でした。

　原発は、事故を起こさずとも、ウラン資源の採掘から核の

ゴミの最終処分まで、あらゆる過程で犠牲の上に成り立つシステムです。たとえばウラン資源についてみてみると、日本はウランのすべてを輸入に頼っており、その5割はオーストラリアとカナダからやってきます。オーストラリアやカナダのウラン鉱山の多くは先住民の居住区域に位置しています。鉱山からは残土や鉱さい、鉱床からの放射能汚染が発生しており、人々に大きな苦しみを与えています。

　原発推進派は、かつて原発事故を起こす可能性は十分小さいと人々に喧伝しながら導入したにもかかわらず、福島原発事故後の今では、原発にもゼロリスクはあり得ないのが当然だと態度を変えました。そして、事故の反省もなく、リスクの表面化した原発の受入れを人々に迫っています。温暖化がすすむ地球環境では、異常気象によって原発のリスクが年々巨大化します。そのリスクは受け入れ可能なものなのか、正面から検討することが当然必要です。

　日本は温暖化問題の解決のため、2050年に CO_2 ネット・ゼロという目標を掲げました。政府は目標達成のために原子力を活用するよう迫ってくるでしょう。

　地球温暖化を避けるためには原発が必要なのかもしれないと考える人に、原発は問題解決の選択肢になりえないことを伝えたいとこのパンフレットは企画されました。いま世界中で多くの若者が気候正義を叫んでいます。持続可能で公平な社会を目指して、わたしたちも行動していきたいと思います。

用語集

CCS Carbon dioxide Capture and Storage（CO_2 回収・貯留）。工場や発電所などで発生する CO_2 を分離・回収し、深海や地中に貯留する技術。

CCUS Carbon dioxide Capture, Utilization and Storage（CO_2 回収・貯留・利用）CCS で分離・貯留した CO_2 をセメントやプラスチックの材料としたり、原油の増回収など利用すること。多くは研究開発段階。

COP Conference of Parties（締約国会議）。さまざまな国際条約の COP があるが、本書では国連気候変動枠組条約の締約国会議をいう。

IEA International Energy Agency（国際エネルギー機関）。エネルギー安全保障の確保, 経済成長, 環境保護, 世界的なエンゲージメントの「4 つの E」を活動の目標に掲げる OECD 枠内の自律的な機関。エネルギーに関する調査や統計をおこない報告書や書籍を発行。

IPCC Intergovernmental Panel on Climate Change（気候変動に関する政府間パネル）。人間活動による気候変動について、科学的、技術的、社会経済学的な立場から包括的な評価をおこなう。1988 年に世界気象機関と国連環境計画により設立された。

KiKK 研究 2007 年に公表された、ドイツの原子力発電所周辺の小児がんについての疫学調査報告。「通常運転されている原子力発電所周辺5km 圏内で小児白血病が高率で発症している」という内容。

R&D Research and Development（研究開発）。企業などで科学研究や技術開発などを行う業務のこと。また、そのような業務を担う部署や組織。

ZEB（ゼブ）Net Zero Energy Building（ネット・ゼロ・エネルギー・ビル）。省エネや、再エネ利用で、年間のエネルギー消費量がゼロあるいはゼロに近くなる建物のこと。

異常気象 人が一生の間に希にしか経験しない気象現象で、おもに 30 年に 1 回以下の頻度をさす。

エネルギー転換部門 エネルギー源をより使いやすい形態に転換する部門。電気事業者、ガス事業者、熱供給事業者のこと。

温室効果 →本文2ページ。

温室効果ガス 地表から放射された赤外線を吸収して熱に変えて気温を上昇させる効果をもった、大気に含まれる気体の総称。代表的なものに H_2O、CO_2、メタン、一酸化二窒素などがある。

外部電源 原発内部に備え付けられている非常用ディーゼル発電機や蓄電池といった「内部電源」に対して、送電線を通じて発電所の外から供給される電源のことをいう。

化石燃料 動植物などが地中に堆積し、長い年月をかけて変化してできた有機物。特に、石炭・石油・天然ガスなど、燃料として用いられるもの。

間接排出 発電の際に排出された CO_2 を、電気を使った側での排出として計算する方法。

気候危機 2019 年の温暖化対策サミットで、国連のグテーレス事務総長が呼び掛けたことば。「気候変動」というより緊急性の高い「気候危機」であり「気候非常事態」だと発信した。

気候変動 様々な要因により、気候が多様な時間スケールで変動すること。自然に起因するものと人為的なものがあるが、特に後者が注目されている。

コージェネレーションシステム 1種類の燃料から同時に2種類のエネルギーを供給すること。主に電気と熱の組み合わせをいい「熱電併給」と訳される。略称はコジェネ。

国連気候変動枠組条約 1992 年の地球環境サミットで採択された、地球温暖化の防止を目的とする国際的な条約。

コンバインド（サイクル）ガスタービンと蒸気タービンを組み合わせた二重の発電方式。天然ガスなどを燃焼させてガスタービンを回して発電し、さらに高温の余熱で蒸気を発生させ、蒸気タービンを回して発電する。

再生可能エネルギー　太陽光や風力、地熱など、地球上に常に存在する資源をもととするエネルギーの総称。

周波数　電力会社から家庭に供給される電気は交流といわれ、電気のプラス（＋）、マイナス（－）が周期的に入れ代わっている。1秒間に入れ代わる回数を周波数という。単位はヘルツ（Hz）。

出力制御　交流電気は周波数を保つために発電量と消費量を一致させる必要がある。需給バランスを調整するために発電所の発電量（出力）を制御すること。

小水力　出力1,000kW以下の比較的小規模な水力発電設備の総称。川や用水路などの水の流れがあるところに水車を設置し、連動させたタービンを回して発電する。

スマートグリッド　IT技術を利用して電力の流れを供給側・需要側の両方から制御できる電力網。スマートは「賢い」、グリッドは「電力網」の意味。

設備容量　発電所の規模を表し、単位時間当たりに生産できる電気エネルギーの量（単位はkW、MWなど）で表示する。

タービン　蒸気などの流体が持つエネルギーを回転エネルギーに変える機器。

地球温暖化　地球の気温が上昇して気候が変わる現象。特に、人間活動によって大気中の「温室効果ガス」が増え、平均気温が急激に上がっている現象のこと。→本文2ページ図。

直接排出　発電の際に排出された CO_2 を、エネルギー転換部門の 排出として計算する方法。

統一省エネラベル　家電製品の省エネ性能の度合いを示したラベル。省エネ性能の高い順に5つ星から1つ星で表示。年間の電気代の目安も表示される。

ネット・ゼロ　Netとは純益、正味などの意味。二酸化炭素を、実際に排出した量から、森林やCCSなどによる吸収を差し引いて、プラスマイナスゼロにする考え方。

廃炉　原子炉を廃止すること。その後の廃止措置を呼ぶこともある。大型の沸騰水型原子炉で約50万トンの廃棄物が発生するとされ、放射能汚染のレベルに応じて適切に処分する必要がある。事故を起こしていない原発でも、廃炉には20～30年くらいかかる。

排出権取引　温室効果ガスの削減目標を達成するため、国あるいは企業間で排出量を取引する制度。全体として、より低コストで排出削減できることが期待される。

バイオマス　もともとは生態学の用語だが、転じて再生可能な生物由来の有機性資源（化石資源を除く）を指す。間伐材や農業廃棄物、動物の糞などを燃料や発電に利用する。

パリ協定　2015年のCOP21で採択した、地球温暖化防止に関する国際協定。→本文5ページ。

放射線　エネルギーをもち空間を飛ぶ小さな粒子（アルファ線、ベータ線、中性子線）と、エネルギーの高い電磁波（ガンマ線、X線）のことをいう。原子核が崩壊するときに放出され（X線を除く）、物質と相互作用する。人体が放射線にさらされることを被ばくという。

放射能　もともとは「放射線を出す性質」だが、一般には放射性物質の意味で使われることが多い。

メガソーラー　1メガワット（1,000キロワット）以上の出力をもつ大規模な太陽光発電所。2ヘクタールほどの土地が必要とされる。

揚水発電所　発電所の上部と下部に大きな池（調整池）をつくり、電力消費量の少ない時間帯に余った電力を用いて上池に水をくみ上げ、電力需要の多い時間帯に上池から下池に水を落として発電させる発電所。

予防原則　環境保全や化学物質の安全性などに関して、その影響や被害の因果関係が科学的に証明されていなくても、予防的な対策として、影響や被害の発生を未然に防ごうという考え。

ライフサイクルCO_2　発電段階だけでなく建設や廃棄、燃料の採掘、輸送、加工なども含めて、発電所の生涯を通じて発生するCO_2を評価するもの。

レアメタル　携帯電話や液晶テレビ、パソコン、自動車などの製造に不可欠だが、地球上の存在量が少ないか、技術的・経済的理由で産出量が少ない金属。例えばリチウム、チタン、クロムなど。

特定非営利活動法人 原子力資料情報室
Citizens' Nuclear Information Center

1975年9月設立。産業界とは独立な立場から、原子力に関する資料や情報を広く集め、市民活動に役立つように提供している。99年9月より特定非営利活動法人。2010年5月より認定特定非営利活動法人。

▶国際会議など
2017年『Japan PuPo 2017』日米原子力協力協定と日本のプルトニウム政策」／2018年『日韓プルトニウムシンポジウム in Tokyo 2018』

▶書籍
『原子力市民年鑑』（七つ森書館：1998〜2017、緑風出版：2020〜）、『破綻したプルトニウム利用―政策転換への提言―』（緑風出版、2010）、『原発はどのように壊れるか―金属の基本から考える』（2018）

▶定期刊行物
『原子力資料情報室通信』（月刊）、『NUKE INFO TOKYO』（隔月刊、Web掲載）

▶ブックレット
『原発は地震に耐えられるか（増補版）』（2011）、『考えてみようよ原発のこと＜改定版＞』（2012）、『日本の原子力60年 トピックス32』（2014）、『原子力キーワードガイド』（2017）、『Handbook 原発のいま2019』（2019）など多数。

原子力に頼らない社会を実現するため、ぜひ私たちの活動の輪に加わっていただけませんか？
ホームページ http://cnic.jp/　メール cnic@nifty.com　よりお問い合わせください。

原発と気候危機
2021年3月31日 初版 第一刷発行

編集・発行　特定非営利活動法人 原子力資料情報室
発 行 所　〒164-0011
　　　　　東京都中野区中央2丁目48番4号 小倉ビル1階
　　　　　TEL：03-6821-3211　FAX：03-5358-9791
　　　　　振替：00140-3-63145
　　　　　加入者名：原子力資料情報室
　　　　　ホームページ http://cnic.jp/
　　　　　メール cnic@nifty.com
定 　 価　660円（本体600円＋税10%）